COSAS ASQUEROSAS

COSAS ASQUEROSAS DENTRO DE TU CUERPO

Un libro de Las Ramas de Crabtree

Julie K. Lundgren
Traducción de Santiago Ochoa

CRABTREE
Publishing Company
www.crabtreebooks.com

Apoyos de la escuela a los hogares para cuidadores y maestros

Este libro de gran interés está diseñado con temas atractivos para motivar a los estudiantes, a la vez que fomenta la fluidez, el vocabulario y el interés por la lectura. Las siguientes son algunas preguntas y actividades que ayudarán al lector a desarrollar sus habilidades de comprensión.

Antes de leer:

- *¿De qué creo que trata este libro?*
- *¿Qué sé sobre este tema?*
- *¿Qué quiero aprender sobre este tema?*
- *¿Por qué estoy leyendo este libro?*

Durante la lectura:

- *Me pregunto por qué...*
- *Tengo curiosidad por saber...*
- *¿En qué se parece esto a algo que ya conozco?*
- *¿Qué he aprendido hasta ahora?*

Después de la lectura:

- *¿Qué intentaba enseñarme el autor?*
- *¿Qué detalles recuerdo?*
- *¿Cómo me han ayudado las fotografías y los pies de foto a comprender mejor el libro?*
- *Vuelvo a leer el libro y busco las palabras del vocabulario.*
- *¿Qué preguntas me quedan?*

Actividades de extensión:

- *¿Cuál fue tu parte favorita del libro? Escribe un párrafo al respecto.*
- *Haz un dibujo de lo que más te gustó del libro.*

ÍNDICE

ERES REPUGNANTE, PERO EN EL BUEN SENTIDO

El cuerpo humano, un increíble contenedor de vida, es un mundo maravilloso de cosas asquerosas y repugnantes.

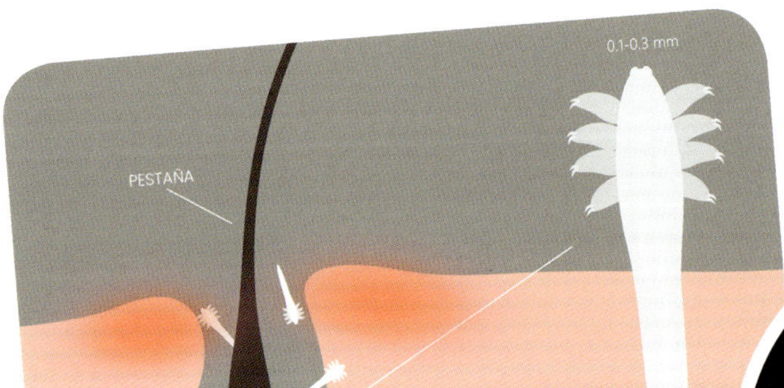

El demodex folliculorum, un ácaro.

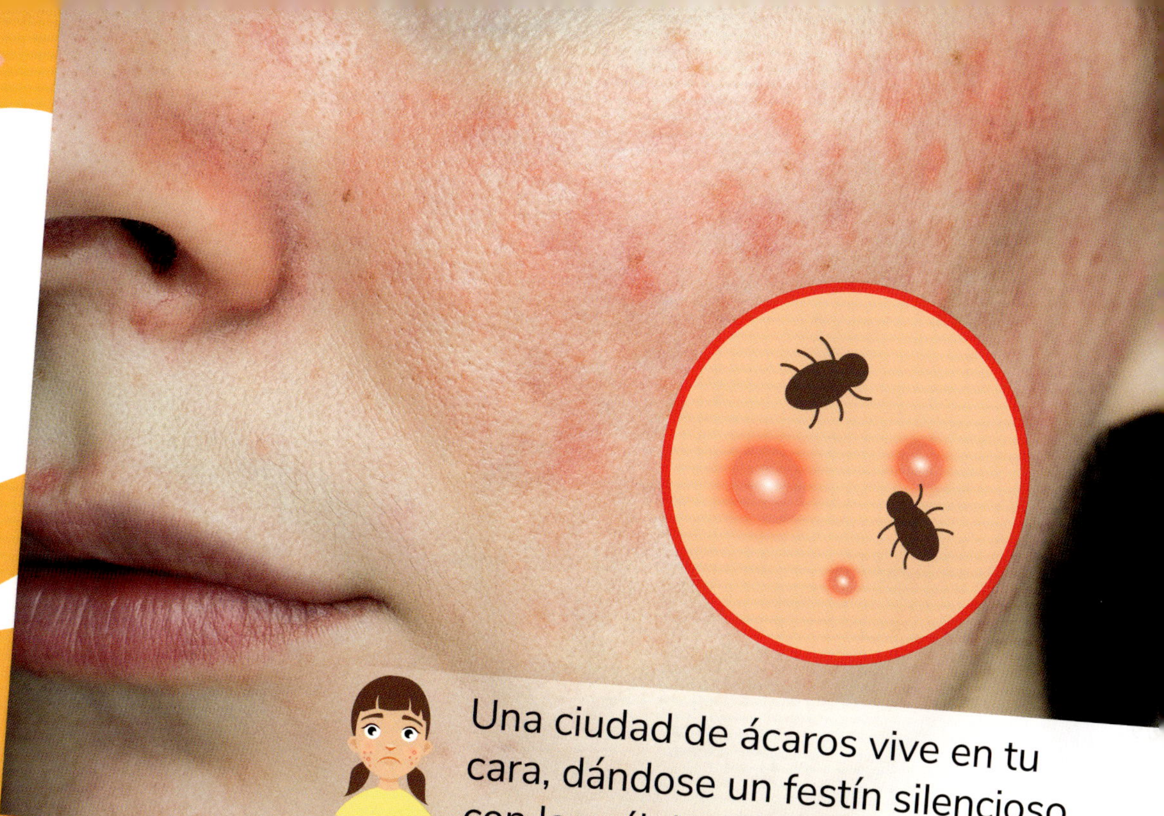

Una ciudad de ácaros vive en tu cara, dándose un festín silencioso con las células muertas de tu piel.

¿Alguna vez has cambiado un pañal repleto? Para ser tan pequeños, los bebés pueden desbordarse realmente.

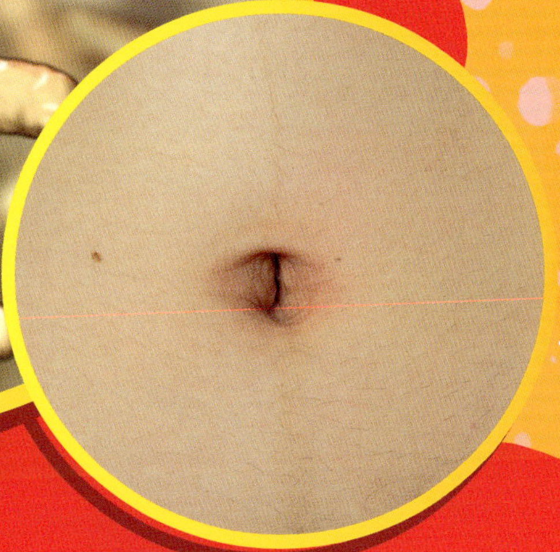

Nunca estás solo

Nuestro cuerpo alberga **bacterias**, hongos, ácaros y otras formas de vida que no se ven sin un microscopio. Más de 60 tipos de bacterias viven en nuestro ombligo.

Nombra una parte del cuerpo y podremos encontrar algo asqueroso acerca de ella. De la cabeza a los pies, ¡es un espectáculo de terror!

La infección por conjuntivitis hace que los ojos se pongan rojos, supurantes y con costras.

MOCOS, CERA DE OÍDOS, SALIVA Y MÁS

Nuestro cuerpo produce cosas asquerosas. Los mocos son el resultado de nuestra **mucosidad** limpiando la suciedad de nuestros pulmones y vías respiratorias: las células muertas, el **polen** y otras partículas no deseadas.

¡Limpia los murciélagos de la cueva con un pañuelo de papel!

¡Mucosa poderosa! La mucosa también ayuda a matar las bacterias. La saliva y los mocos tienen ¡superpoderes!

No temas a la cera de los oídos. Al igual que la mucosa, ayuda a eliminar la suciedad y las células muertas. A las bacterias les encantan los lugares húmedos y oscuros como las orejas. La cera de los oídos mantiene nuestros oídos sanos.

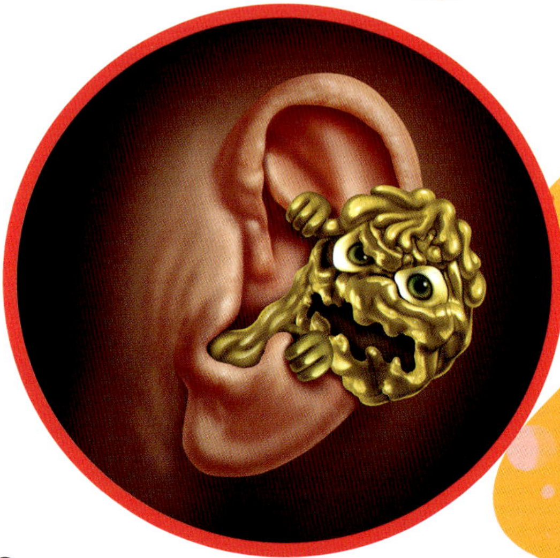

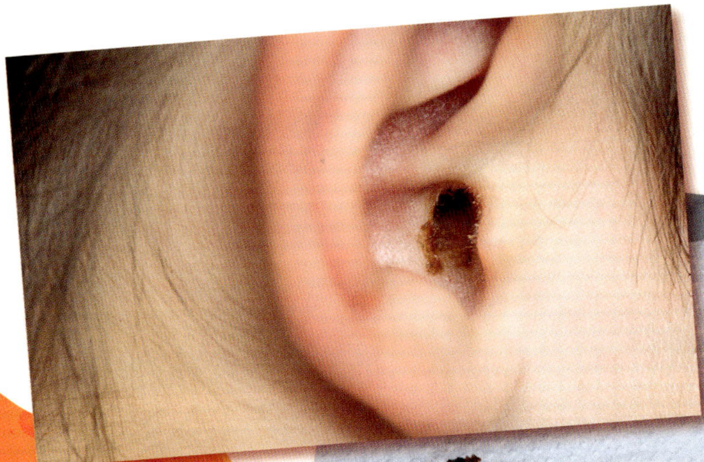

La cera de los oídos contiene aceite, sudor, y piel muerta.

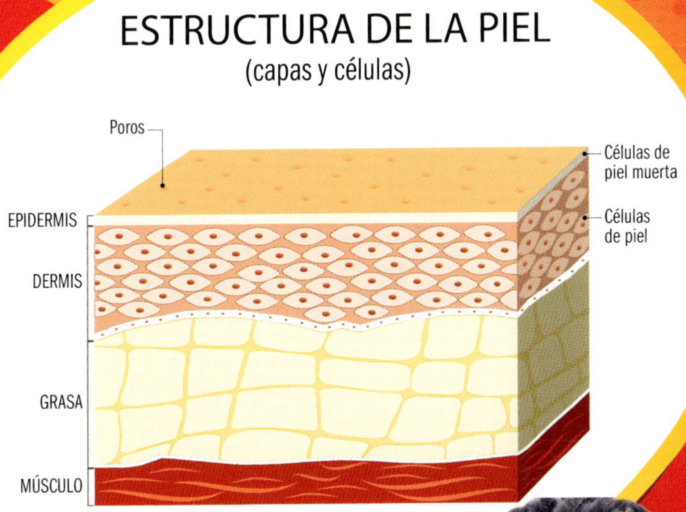

¿Esponjoso y escamoso?

Mudamos miles de células muertas de la piel por minuto. Un adulto puede mudar hasta 9 libras (4 kg) al año, el mismo peso que el de un gato pequeño.

¿Necesitas limpiarte la mugre de los ojos cuando te despiertas? Las lágrimas secas y el polvo producen lagañas en los ojos, ya que nuestros ojos limpian la casa mientras dormimos.

Los ojos también producen su propio tipo de moco.

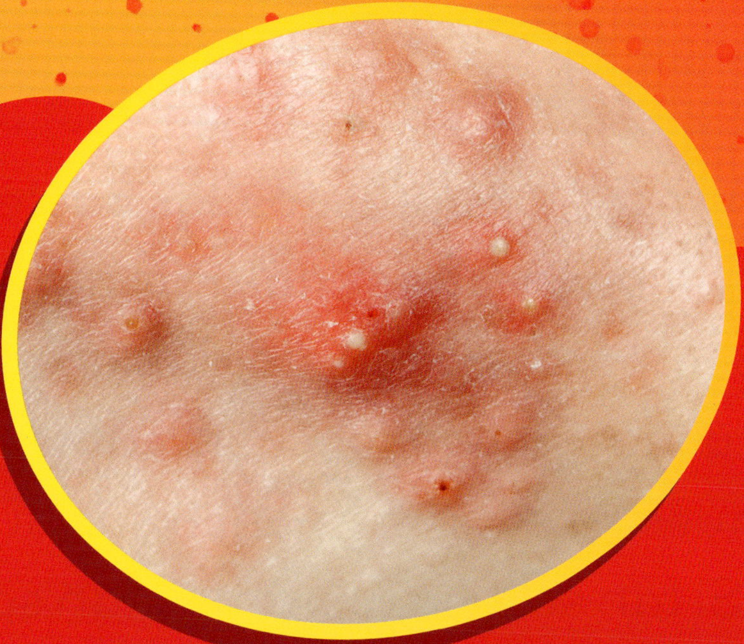

Son los granos

Todo el mundo tiene granos, especialmente los adolescentes y los jóvenes adultos. Estas pequeñas bolsas de **pus** son el resultado de una pequeña infección de la piel.

INVASORES DEL CUERPO

A veces los parásitos, las bacterias dañinas y otras criaturas atacan nuestro cuerpo. Los piojos anidan en nuestro cálido y acogedor cuero cabelludo, beben nuestra sangre y ponen sus huevos. ¡Si tan solo no fuéramos tan sabrosos!

Si se miran de cerca, los piojos parecen extraterrestres.

Si tienes piojos, no te asustes. Usa un champú especial y un peine para expulsar a estos invitados indeseables.

¡A las verrugas también les gusta el Planeta Humano! Los virus son los que producen las verrugas, no las ranas. Entran a nuestra piel a través de un rasguño y forman un crecimiento de células extra en la piel.

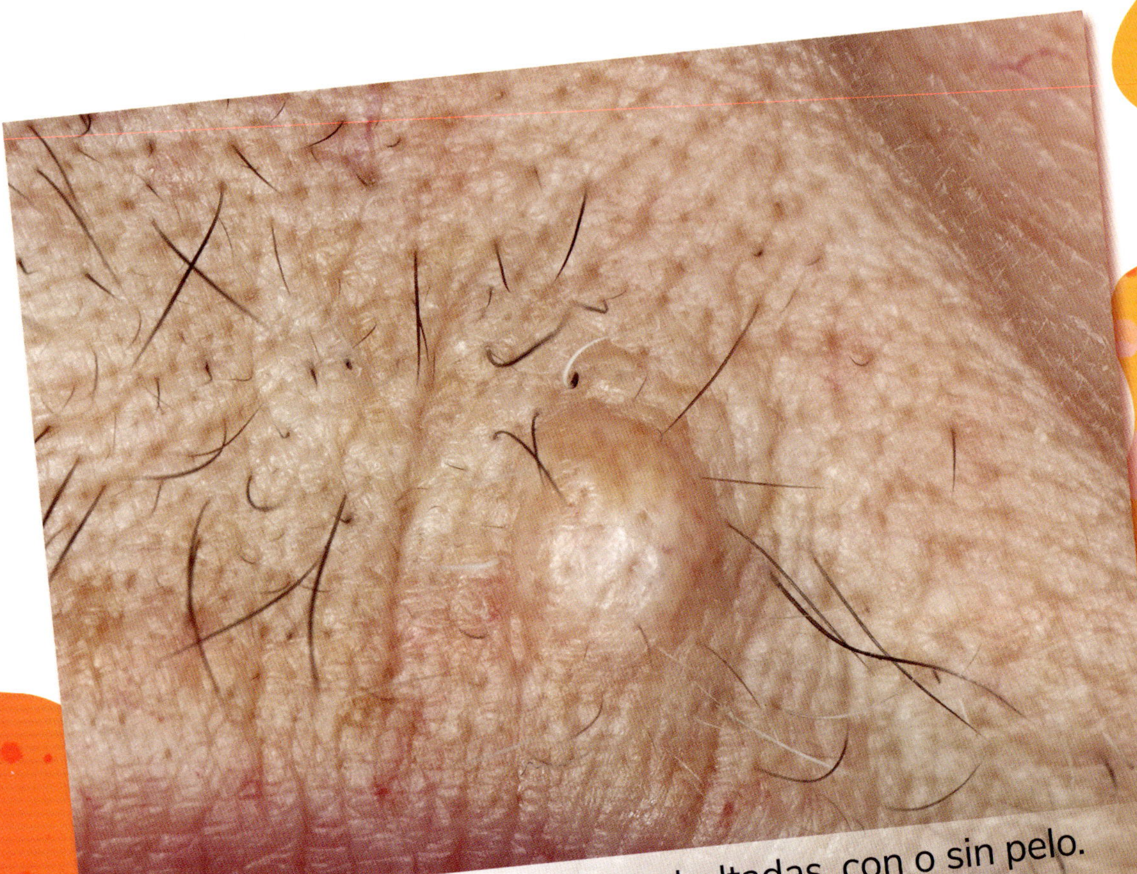

Las verrugas pueden ser lisas o abultadas, con o sin pelo.

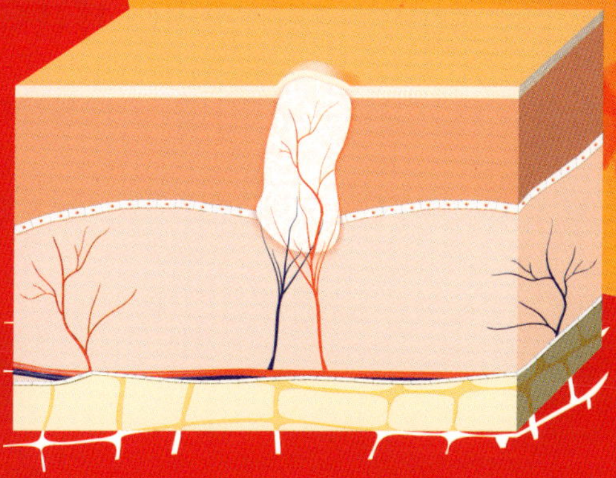

Las verrugas suelen crecer en las manos y en los pies, pero un corte durante la afeitada puede producir una verruga en la cara o en las piernas.

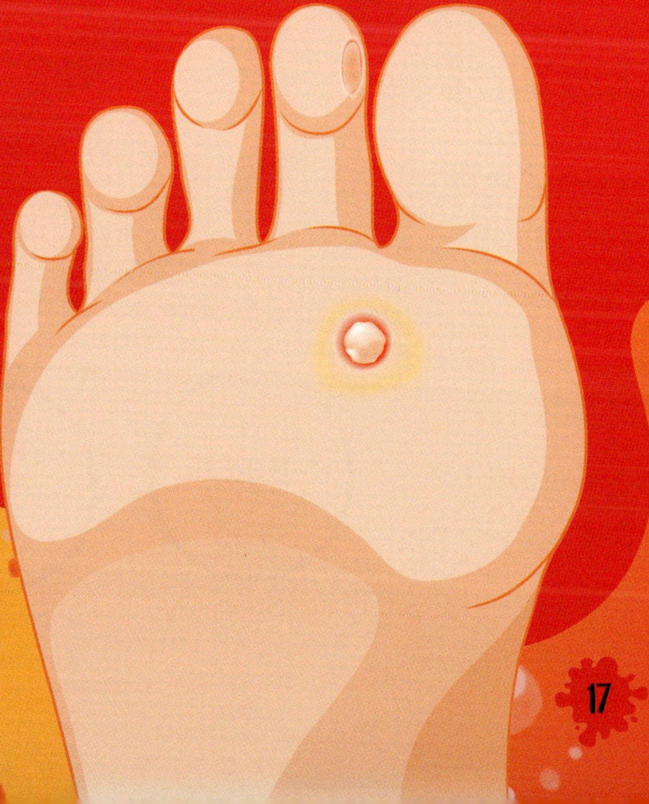

Los hongos en vestuarios, duchas y alrededor de las piscinas pueden causar pie de atleta. Esta infección luce como una erupción roja y escamosa, da comezón y ocurre sobre todo en los pies y entre los dedos.

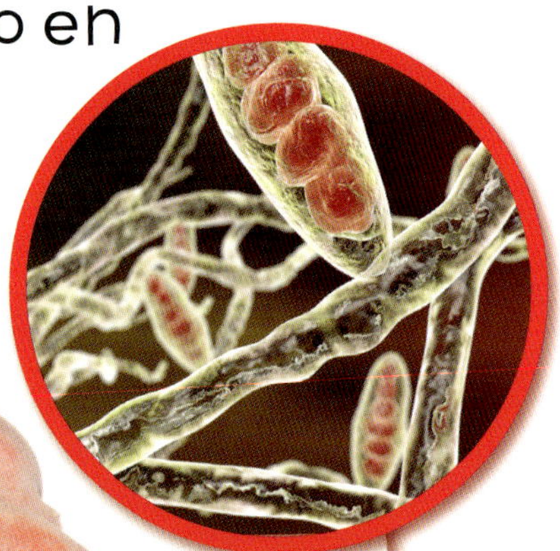

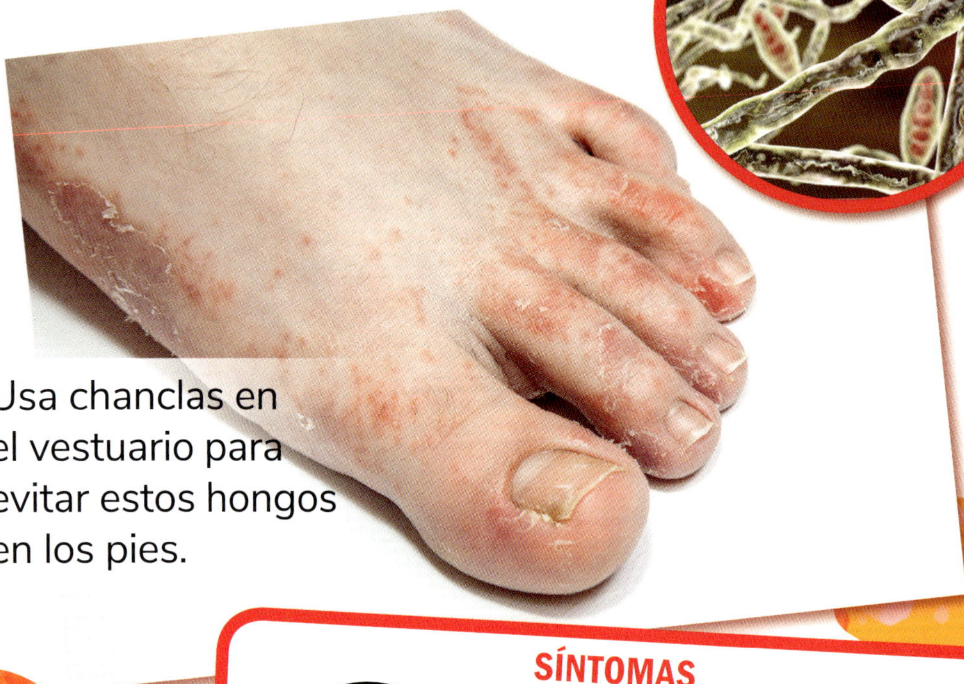

Usa chanclas en el vestuario para evitar estos hongos en los pies.

SÍNTOMAS

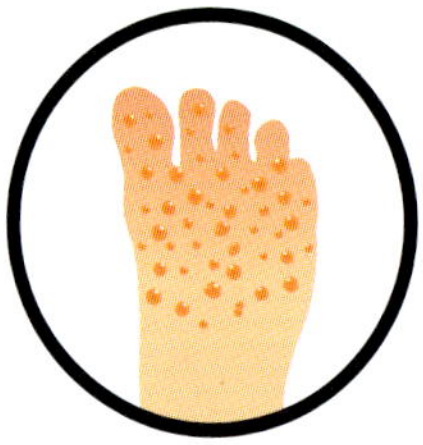

Pequeñas ampollas.

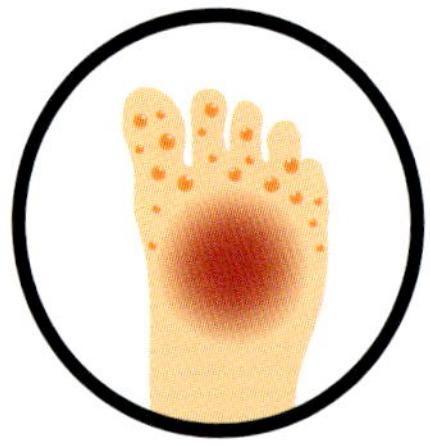

Picor con hinchazón e inflamación.

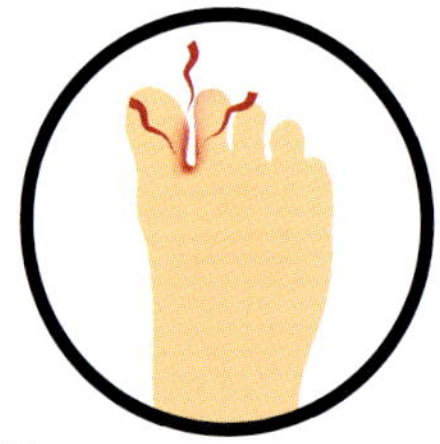

Picor y escozor entre los dedos de los pies.

Cuando este hongo ataca otras partes del cuerpo, lo llamamos tiña.

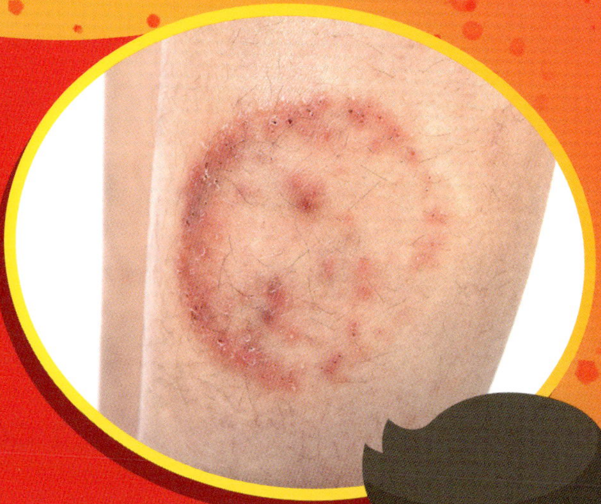

Evítalos.

Lávate los pies.

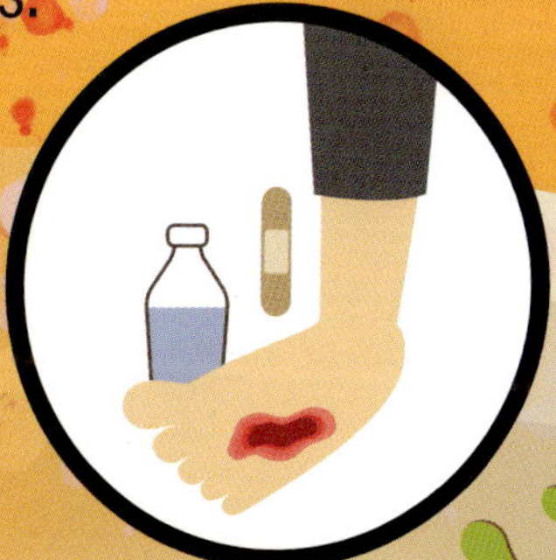

Limpia tus heridas.

Cuando comemos alimentos que contienen bacterias dañinas, nos enfermamos. Los alimentos que se dejan afuera demasiado tiempo, las sobras viejas, las frutas y verduras contaminadas pueden causar **diarrea** y vómito durante horas.

La diarrea y el vómito ayudan a eliminar del cuerpo las bacterias dañinas que causan la intoxicación alimentaria.

El virus del vómito de invierno

El norovirus se propaga rápidamente a través de la comida, la bebida y de otras personas enfermas. La diarrea, el vómito y los dolorosos calambres estomacales te hacen la vida miserable durante unos días.

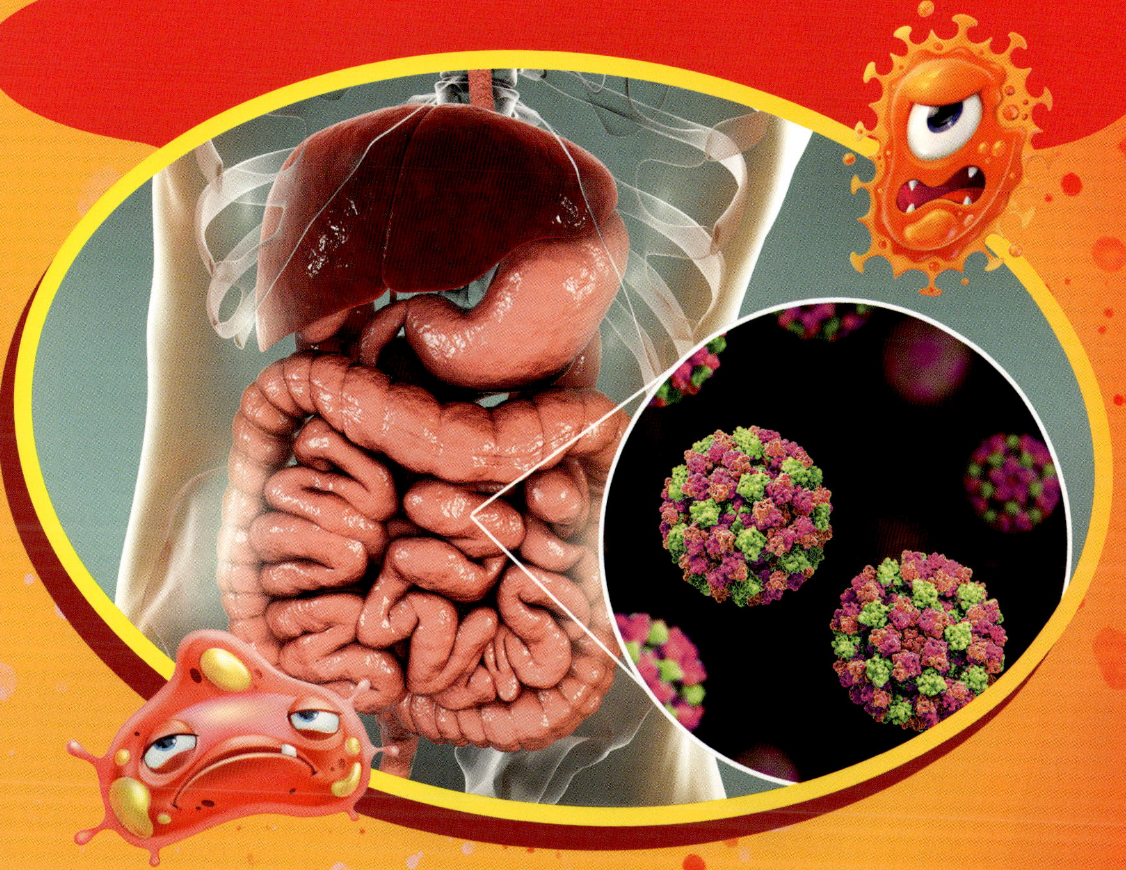

Apodos

La diarrea tiene muchos otros nombres. ¿Has oído estos?

- chorrillo
- caca loca
- chorro
- la seguidilla
- panza suelta

MÁS BATALLAS CORPORALES

Nuestro cuerpo se defiende constantemente de las enfermedades. En la boca, nuestra saliva combate las bacterias que causan la caries y la levadura que causa la **candidiasis.**

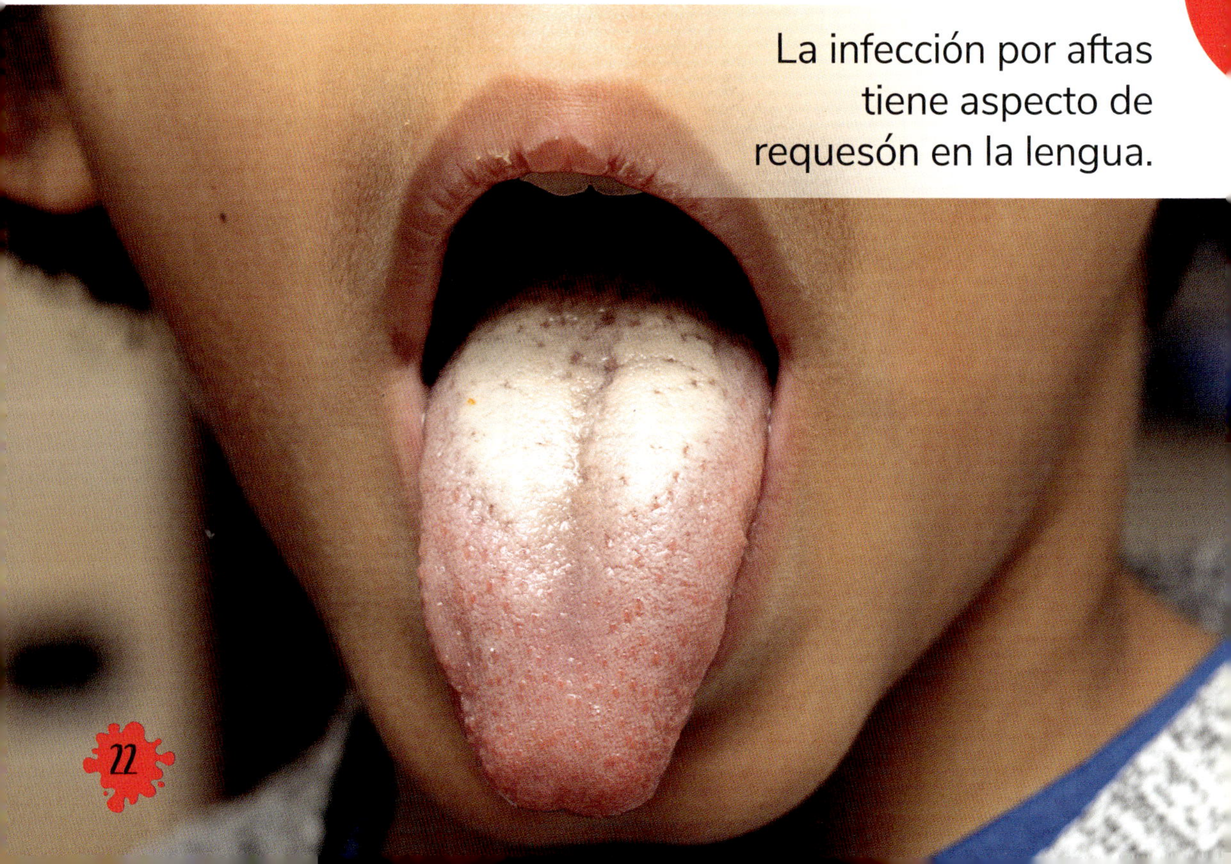

La infección por aftas tiene aspecto de requesón en la lengua.

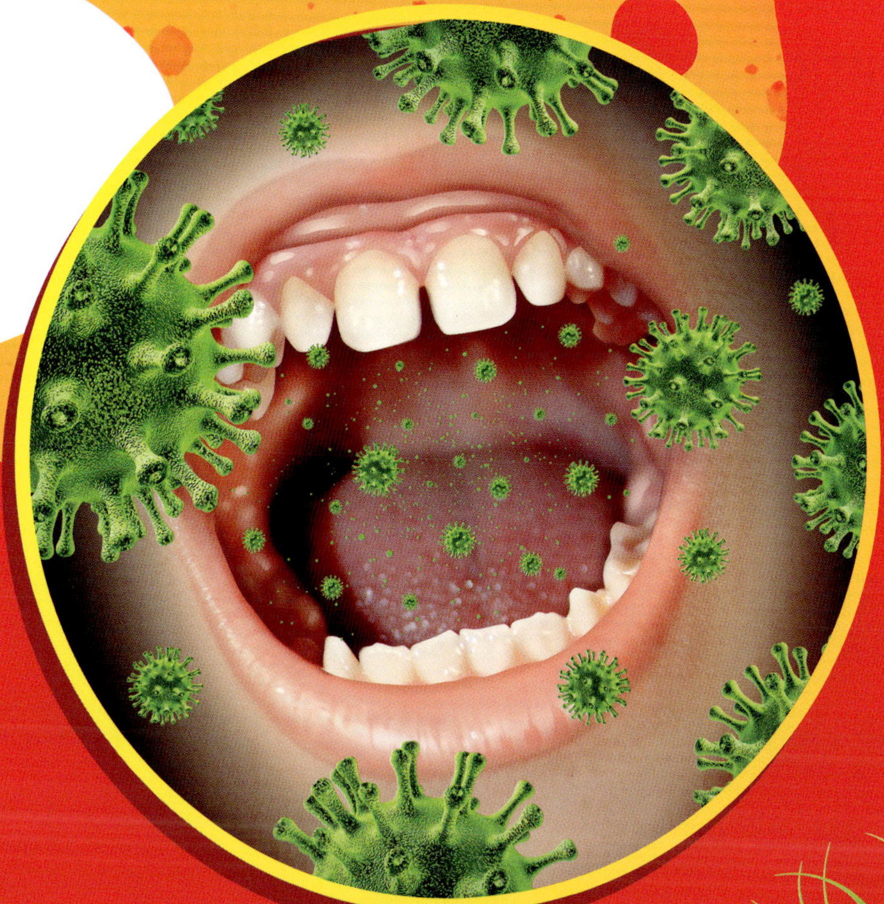

¡No a los dientes descuidados!

Las bacterias y los alimentos dejan depósitos de **placa** en nuestros dientes. La placa corroe la superficie dura, produciendo caries.

Los resfriados pueden provocar dolorosas infecciones del oído. El **líquido** infectado se acumula detrás del tímpano, causando dolor y amortiguando los sonidos.

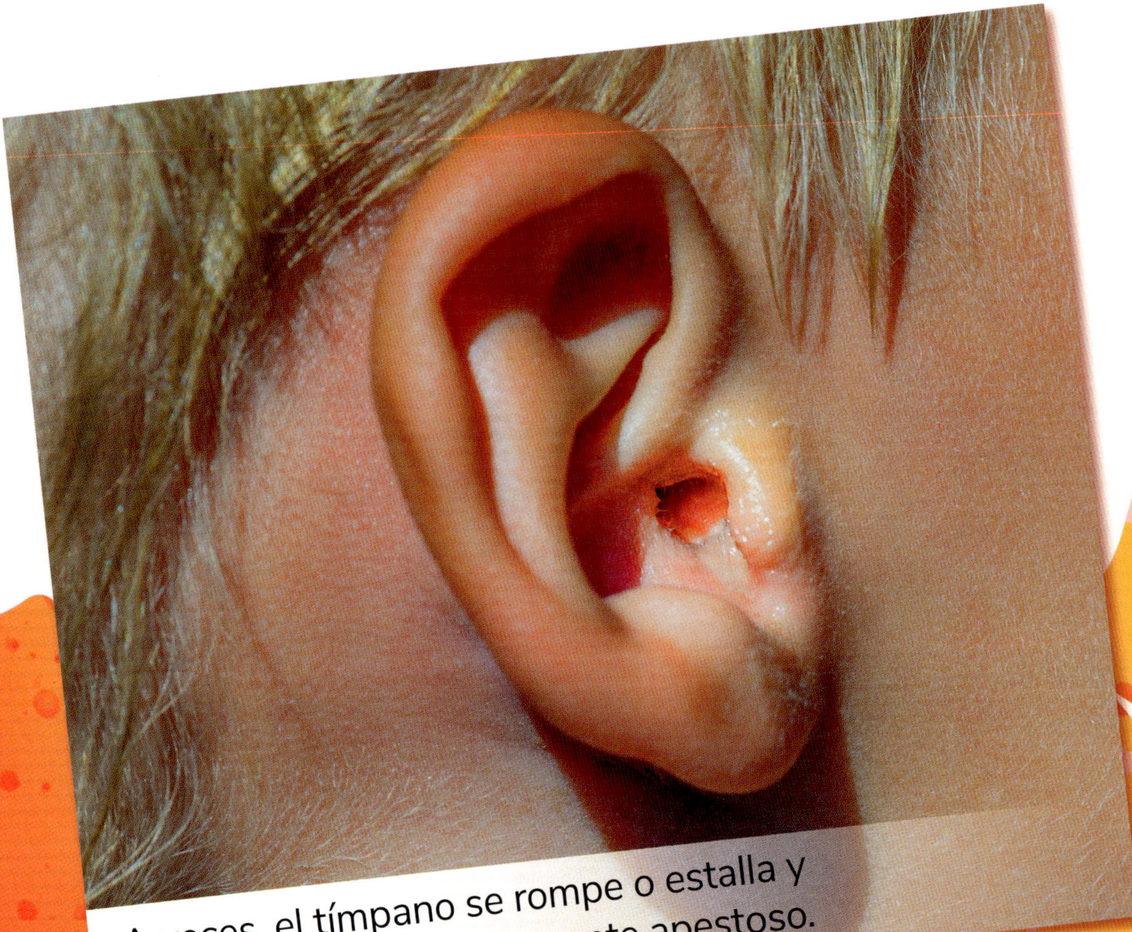

A veces, el tímpano se rompe o estalla y se filtra un pus increíblemente apestoso.

INFECCIÓN DEL OÍDO EXTERNO

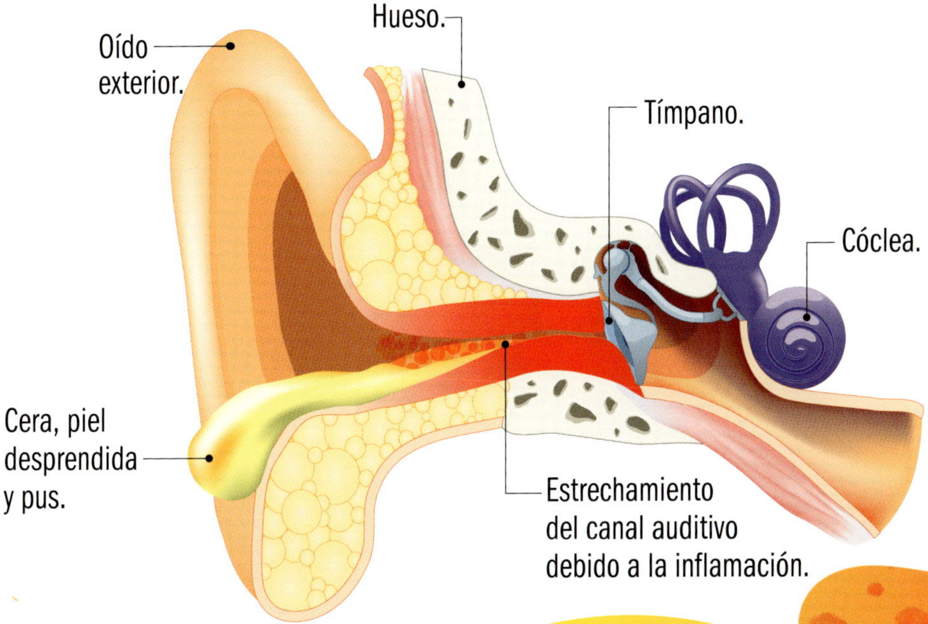

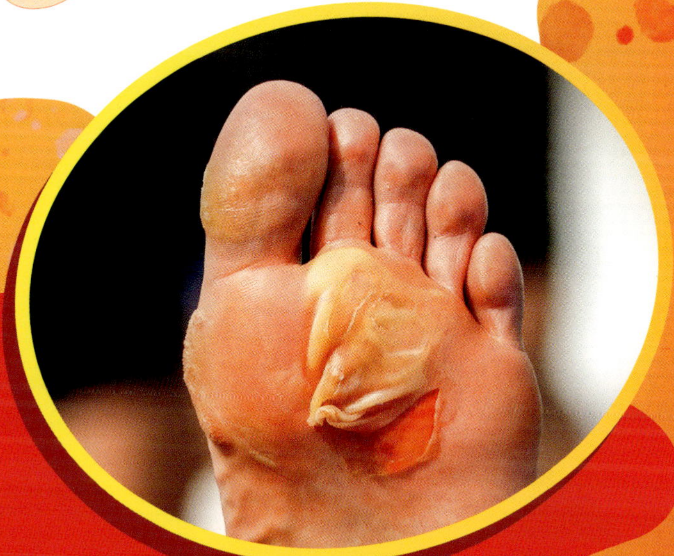

Bolsas de agua

Las ampollas pueden formarse por lesiones como quemaduras, o cuando los zapatos apretados rozan nuestra piel.

Las **heridas** y otras lesiones también pueden infectarse. Aparecen el pus y los **fluidos.** Los tumores también pueden crecer y extenderse. Algunos son inofensivos, mientras que otros necesitan tratamiento para detener su avance.

Algunos tumores pueden tener dientes y pelo.

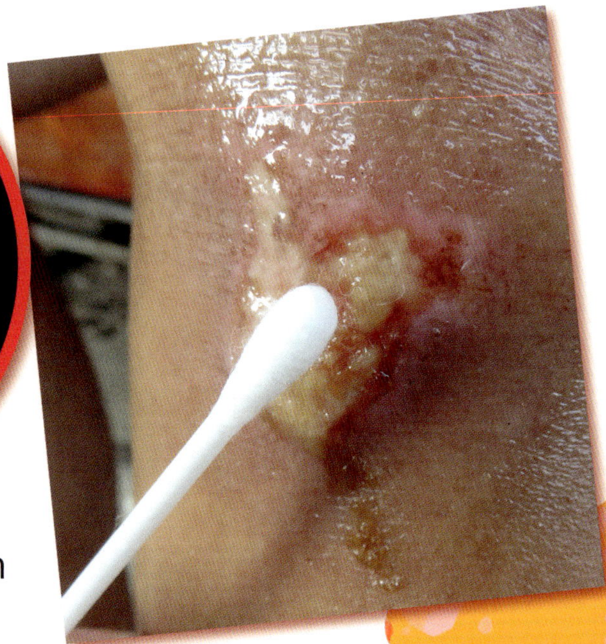

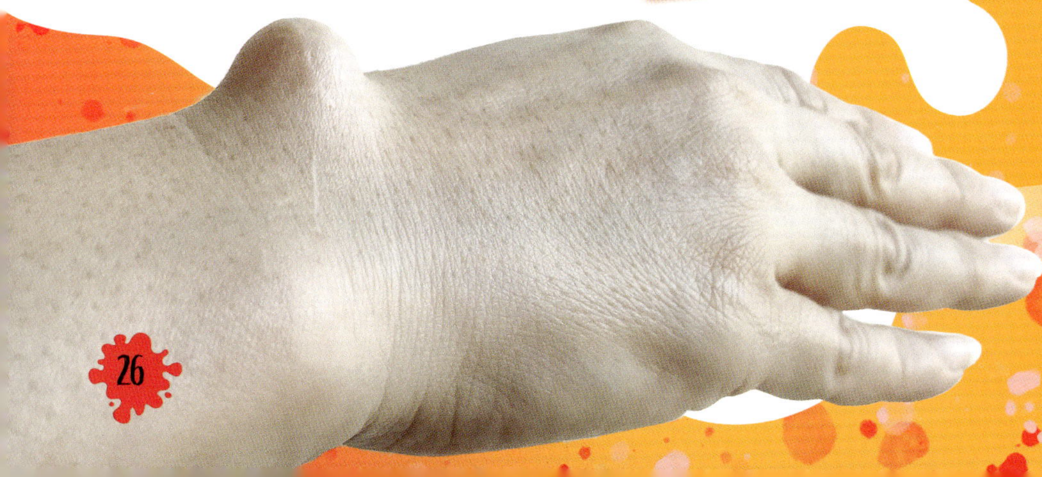

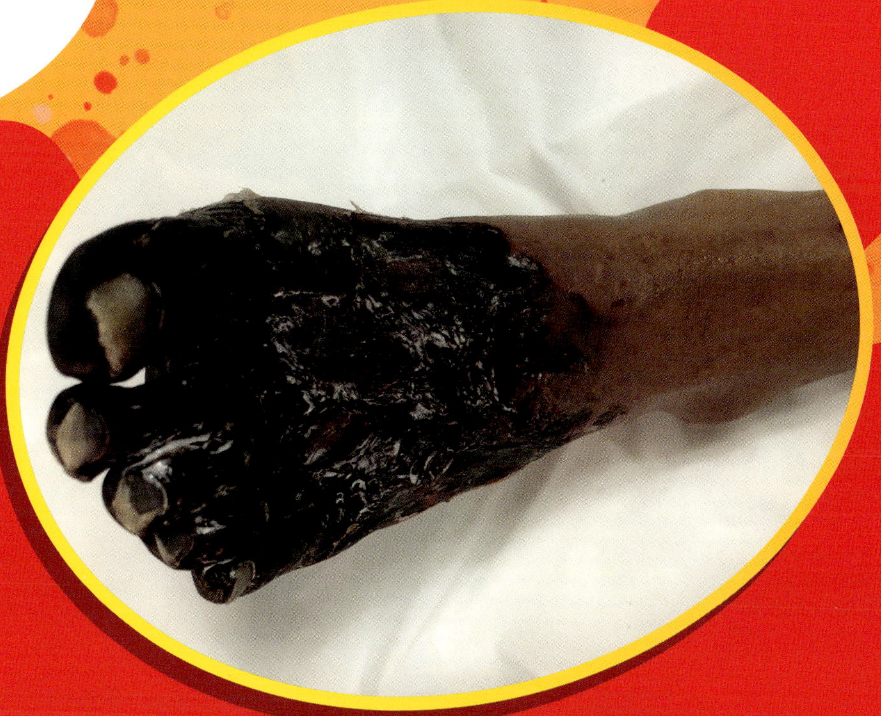

Extremadamente asqueroso

La falta de flujo sanguíneo en las zonas dañadas e infectadas puede provocar **gangrena**. Especialmente los dedos de los pies pueden volverse negros y morir. Si no se detiene, la gangrena puede causar la muerte a medida que la infección se extiende.

Piensa con cariño en los mocos, la saliva, las lagañas en los ojos y la cera de los oídos. ¡Son el equipo de limpieza de tu cuerpo!

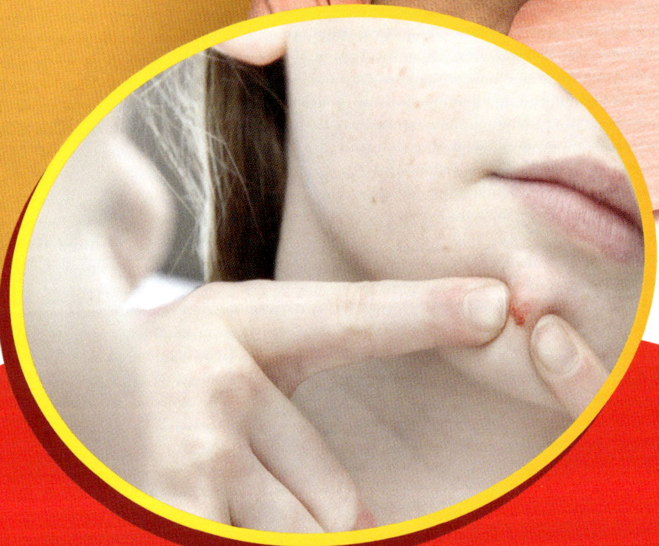

Deja que tu cuerpo trabaje

Las costras ayudan a curar los raspones. Rascarlas puede producir infección o cicatrices.

Trata bien a
tu cuerpo, que
cada día lucha
por mantenerte
limpio, sano y
en las mejores
condiciones.

GLOSARIO

bacterias: Diminutos seres vivos que descomponen los alimentos y pueden causar enfermedades.

candidiasis: Una infección bucal común causada por un determinado tipo de levadura.

diarrea: Caca suelta, acuosa o viscosa.

fluidos: Líquidos o sustancias que fluyen con facilidad.

gangrena: Muerte de partes del cuerpo o tejidos, causada por un flujo sanguíneo deficiente o por una infección.

heridas: Lesiones abiertas, como la de una cortada o raspón.

mucosidad: Líquido viscoso producido por los tejidos del cuerpo que cubren desde los pulmones hasta la nariz, sirve para su limpieza y defensa.

placa: Mezcla blanda o dura de alimentos, saliva y bacterias. Se forma en los dientes y causa caries.

polen: Granos finos liberados en el aire por las plantas como mecanismo de reproducción.

pus: Líquido producido por el cuerpo en respuesta a lesiones infectadas.

ÍNDICE ANALÍTICO

SITIOS WEB (PÁGINAS EN INGLÉS):

www.ducksters.com/science/bacteria.php

https://kidshealth.org/en/kids/center/htbw-main-page.html

www.konnecthq.com/human-body

ACERCA DE LA AUTORA

Julie K. Lundgren

Julie K. Lundgren creció en la orilla norte del Lago Superior, un lugar con bosques, agua y aventura. Le encantan las abejas, las libélulas, los árboles viejos y la ciencia. Ella tiene un lugar especial en su corazón para los animales repugnantes pero geniales. Sus intereses la llevaron a obtener una licenciatura en Biología y una permanente curiosidad por los lugares salvajes.

CRABTREE Publishing Company

Produced by: Blue Door Education for Crabtree Publishing

Written by: Julie K. Lundgren

Designed by: Jennifer Dydyk

Edited by: Tracy Nelson Maurer

Proofreader: Crystal Sikkens

Translation to Spanish: Santiago Ochoa

Spanish-language layout and proofread: Base Tres

Print and production coordinator: Katherine Berti

Photographs: Cover photo © sumroeng chinnapan/ Shutterstock.com, cover splat art on cover and throughout © SpicyTruffel pg. 4 illustration © visona29 photo © Kalcutta pg. 5 top photo © Yuliya Shauerman illustration in circle and of girl © Igdeeva Alena bottom photo © vchal baby illustration © Adrian Isaia pg. 6 large photo © Kateryna Kon smaller photo © Bokeh Blur Background pg. 7 © sruilk pg. 8 © diy13 pg. 9 photo © Zapylaieva Hanna illustration © Top Vector Studio pg. 10 (top) © Lightspring (center) © Andrii Spy_k Richokphoto pg. 11 photo © all_about_people illustration © Designua pg. 12 © ElRoi pg. 13 (top) © Bencemor (bottom) © solar22 pg. 14 lice © Protasov AN magnifying glass © Romolo Tavani pg. 15 photo © Lapina lice © Refluo boy illustrations © bego pg. 16 © Henrik Larsson pg. 17 © Designua pg.s 18-19 bacteria © Kateryna Kon foot photo © Miroslav Lukic illustrations © Love You Stock ringworm photo © Photo Win1 pg.s 20-21 bacteria cartoons © Natykach Nataliia girl © Daisy Daisy intestines © Kateryna Kon pg. 22 © sruilk pg. 23 (top) © Lightspring (bottom) © Giovanni Cancemi pg. 24 © weakiva pg. 25 (top) © Designua (bottom) © Ron Hoenson pg. 26 tumor with hair public domain image by Ed Uthman, MD, wound © AppleDK hand © DaViDa S pg. 27 © Duangnapa Kanchanasakun pg. 28 (top) © Bernardo Emanuelle (bottom) © Cheryl Casey pg. 29 © Versta. All images from Shutterstock.com except tumor photo page 26

Library and Archives Canada Cataloguing in Publication

Title: Cosas asquerosas dentro de tu cuerpo / Julie K. Lundgren ; traducción de Santiago Ochoa.
Other titles: Gross and disgusting stuff in your body. Spanish
Names: Lundgren, Julie K., author. | Ochoa, Santiago, translator.
Description: Series statement: Cosas asquerosas | Translation of: Gross and disgusting stuff in your body. | Includes index. | "Un libro de las ramas de Crabtree". | Text in Spanish.
Identifiers: Canadiana (print) 20210283459 | Canadiana (ebook) 20210283467 | ISBN 9781039612907 (hardcover) | ISBN 9781039612969 (softcover) | ISBN 9781039613027 (HTML) | ISBN 9781039613089 (EPUB) | ISBN 9781039613140 (read-along ebook)
Subjects: LCSH: Human body—Juvenile literature. | LCSH: Human body—Miscellanea—Juvenile literature.
Classification: LCC QP37 .L8618 2022 | DDC j612—dc23

Library of Congress Cataloging-in-Publication Data

Names: Lundgren, Julie K., author. | Ochoa, Santiago, translator.
Title: Cosas asquerosas dentro de tu cuerpo / Julie K. Lundgren ; traducción de Santiago Ochoa.
Other titles: Gross and disgusting stuff in your body. Spanish
Description: New York, NY : Crabtree Publishing Company, [2022] | Series: Cosas asquerosas - un libro de las ramas de Crabtree | Includes index.
Identifiers: LCCN 2021037184 (print) | LCCN 2021037185 (ebook) | ISBN 9781039612907 (hardcover) | ISBN 9781039612969 (paperback) | ISBN 9781039613027 (ebook) | ISBN 9781039613089 (epub) | ISBN 9781039613140
Subjects: LCSH: Human body--Juvenile literature. | Human body--Miscellanea--Juvenile literature.
Classification: LCC QP37 .L8618 2022 (print) | LCC QP37 (ebook) | DDC 612--dc23
LC record available at https://lccn.loc.gov/2021037184
LC ebook record available at https://lccn.loc.gov/2021037185

Crabtree Publishing Company

www.crabtreebooks.com 1-800-387-7650

In Canada: We acknowledge the financial support of the Government of Canada through the Canada Book Fund for our publishing activities.

Published in the United States
Crabtree Publishing
347 Fifth Avenue
Suite 1402-145
New York, NY, 10016

Published in Canada
Crabtree Publishing
616 Welland Ave.
St. Catharines, Ontario
L2M 5V6

Printed in the U.S.A./092021/CG20210616